AF603310

LA NOUVELLE
RUCHE A MIEL
DU MOIS DE MAI 1822.

IMPRIMERIE DE FAIN,
PLACE DE L'ODÉON.

LA NOUVELLE RUCHE A MIEL

DU MOIS DE MAI 1822,

D'UNE SEULE PIÈCE,

Et du procédé le plus naturel et le plus simple qui ait encore paru;

SE DIRIGEANT A DÉCOUVERT,

Et à vue des objets, sans rien donner au hasard;

DÉGAGÉE de tous grands systèmes scientifiques, problématiques, minutieux, et de tout ce qui, le plus souvent, séduit l'imagination aux depens de la raison;

PETIT OUVRAGE TRÈS-ABRÉGÉ, AVEC FIGURES;

DÉDIÉ A MM. LES PRÉFETS

DES DÉPARTEMENS DE LA FRANCE,

OFFERT AUX CULTIVATEURS ET HABITANS DES CAMPAGNES;

APPROUVÉ D'UN GRAND NOMBRE D'AMATEURS;

PAR M. DELAVABRE DE MURPHY,

Ancien capitaine de cavalerie, chevalier de l'ordre royal et militaire de Saint-Louis, ex-inspecteur des eaux et forêts, en retraite.

A PARIS,

CHEZ LOUIS COLAS, LIBRAIRE,

RUE DAUPHINE, N°. 32.

M. DCCC. XXII.

LA NOUVELLE

RUCHE A MIEL

DU MOIS DE MAI 1822.

Un grand nombre de Propriétaires, qui trouvent dans la culture des abeilles un amusement et un produit, m'ont vivement sollicité de leur communiquer mes idées sur la manière de gouverner les ruches à miel. Je cède aujourd'hui à leurs flatteuses instances, en publiant, dans une brochure très-resserrée, mes principes sur cette branche importante de l'économie rurale, et en faisant connaître les procédés auxquels je me suis arrêté, après avoir soumis à de nombreuses expériences toutes les méthodes proposées jusqu'à présent.

Chaque jour on voit paraître de nouveaux ouvrages sur les abeilles ; cette étonnante fecondité nous prouve au moins que les auteurs de ces productions regardent les systèmes connus comme peu satisfaisans, et pensent que leurs procédés sont préférables à ceux des écrivains qui ont traité le même sujet avant eux. Le silence des Sociétés savantes, dont le suffrage n'a couronné jusqu'à présent aucun des rivaux, laisse indécise la question de savoir quelle est la ruche qu'on doit préférer aux autres.

Cette incertitude permet d'écrire encore sur cette matière, et je l'entreprends, persuadé que souvent nous ne devons qu'au hasard ce que nous cherchons par les procédés les plus scientifiques et les plus abstraits.

Depuis près de trente ans, je m'occupe de l'éducation des abeilles. Je m'y suis livré partout où je me suis trouvé, en France et dans l'étranger. Je puis dire que j'ai à peu près vu tous les genres de ruchers et toutes les espèces de ruches que l'imagination a pu créer. Je n'entreprendrai pas ici de les décrire, les amateurs les connaissent; je ne chercherai pas davantage à en combattre les avantages plus ou moins réels. Chacun a cru bien voir et être mieux inspiré que ceux qui avaient écrit ou pratiqué avant lui.

Je me suis procuré avec empressement tous les ouvrages qui ont paru successivement sur les abeilles; je n'ai pu résister au désir de posséder les ruches qui s'y trouvent recommandées et décrites. L'expérience m'a obligé de les rejeter l'une après l'autre, et mon grenier a fini par s'encombrer de toutes ces ruches tant prônées, et pour lesquelles je n'ai épargné ni peines ni argent. Quant aux ouvrages, en grand nombre dans ma bibliothéque, dont les auteurs méritent une honorable distinction, tels que MM. Palteau, l'abbé della Rocca, de Massac, l'abbé Bienaymé, Baunier, la Bourdonnaye, Gélieu, François Aubert, Dubost,

Féburier, Béville, Lombard, Varembey et Ducouëdic, on est forcé de convenir que, quel que soit le mérite différent de leurs auteurs, leurs procédés sont à peu près les mêmes : on retrouve partout les ruches à fragmens, à tiroirs, à chapeaux, à hausses plus ou moins nombreuses, placées à côté, ou les unes sur les autres, ne se distinguant entre elles que par quelques petits moyens plus ou moins ingénieux, lesquels, au reste, ne changent rien au système des ruches à fragmens.

En accordant que ces ruches offrent, en théorie, quelque chose de séduisant, il n'en est pas moins vrai que, dans la pratique, on éprouve quelques difficultés pour le gouvernement des abeilles et pour la récolte du miel. Ajoutons, ce qui est vrai, qu'elles sont beaucoup moins productives. Leur complication, au reste, ne convient point aux gens de la campagne, qui abandonnent difficilement leurs vieilles routines, et qui, peu crédules, en général, veulent, avant tout, voir ce qu'ils ont à gagner dans les changemens qu'on leur propose.

C'est donc en vain que jusqu'ici on a prôné les ruches à hausses, à chapeaux, ou à compartimens, je dirai même les essaims artificiels ; car, si l'on excepte une certaine classe de propriétaires aisés vivant dans leurs campagnes, et chez lesquels toute innovation trouve un accès facile, parce qu'elle frappe leur imagination et occupe leurs loisirs, l'on ne trouvera pas sur toute la surface de la France, ni même chez nos voisins, dix paysans ou cultivateurs de profession qui aient des ruches autres que la ruché à cordons de paille, en forme de cloche, ou celle formée de quatre bouts de planches, ou bien encore de vieux troncs d'arbres creux.

Ainsi, je demanderai avec raison à quoi a servi, depuis cinquante ans et plus, tout ce que les auteurs célèbres que je viens de citer ont pu dire ou écrire sur ces intéressans insectes : à rien du tout, par la raison qu'on s'est toujours trop éloigné de la portée de l'homme des champs, qu'on aurait dû particulièrement chercher à éclairer et à convertir sur sa mauvaise méthode ; car quels autres que les cultivateurs approvisionnent nos marchés de miel et de cire ? très-certainement ce ne sont pas tous nos amateurs de ruches vitrées ou à tiroirs, etc., qui, loin de récolter de la cire ou du miel, sont obligés presque tous les ans d'en acheter pour substanter leurs abeilles et les empêcher de périr. Ce que je dis ici n'est pas exagéré, j'en ai la longue expérience.

INCONVÉNIENS DE LA PLUPART DES RUCHES.

En général, les amateurs qui ont écrit jusqu'ici sur les abeilles se sont toujours beaucoup trop pressés de mettre leurs idées au jour, sans avoir prévu les nombreux inconvéniens qui devaient se présenter, et dont on ne s'aperçoit qu'avec le temps et une pratique assidue.

Prenez par exemple la ruche à tonneaux ou cylindrique de paille de M. l'abbé Della Rocca, ou de M. l'abbé Bienaymé : ces ruches ont deux pieds de long, et deux fonds mobiles, pour pouvoir les ouvrir lorsqu'il s'agit de les opérer. En supposant qu'une de ces ruches soit pleine d'un bout à l'autre de provisions, comment pouvez-vous atteindre de *préférence* les parties de rayons qui se trouvent au centre de ce cylindre, et que je suppose, avec raison, noires, âcres et fétides, sans détruire auparavant tout ce qui se présentera en premier lieu à vous, de rayons ou de gâteaux vierges, blancs et purs, en constructions nouvelles. C'est la chose impossible; car pour parvenir à un centre quelconque, il est bien connu qu'il faut nécessairement s'y frayer un passage. Or donc, ce genre de ruche est radicalement vicieux par l'impossibilité où l'on est de pouvoir choisir ce qui serait précieux à conserver, d'avec ce qu'il serait instant d'extraire au plus vite, pour préserver la ruche de sa ruine totale.

Il en est de même des ruches à plusieurs hausses placées les unes sur les autres ; comment pouvez-vous juger de leur situation interne, vos yeux ne pouvant y pénétrer? Qui vous dira positivement quels sont les étages où tout se passe bien, et ceux où tout est au plus mal; où sont les provisions saines, et celles qui ne le sont pas; où se trouvent nichés les teignes, les vers et papillons de nuit qui dévorent votre ruche? Faudra-il séparer toutes ces hausses les unes d'avec les autres, les entreposer çà et là, pour acquérir cette certitude? L'on voit bien facilement que ce serait absolument déraisonnable par tous les inconvéniens qui en résulteraient.

Les ruches à chapeaux ne sont pas plus exemptes de reproches que les autres, quoique l'on puisse approuver, jusqu'à un certain point, leurs petits chapeaux de rechange, au moyen desquels on peut se procurer un peu de miel pur ; mais ces grands corps de ruches de 15 à 16 pouces de hauteur sur un pied de diamètre intérieur, comment en renouveler les vieux édifices ? Par le moyen, dira-t-on, du transvasement, en mettant un corps de ruche vide sous celui qui se trouve plein ; et lorsque ce second corps de ruche se trouve rempli de nouvelles constructions, en enlevant celui qui se trouve au-dessus. Tout cela est fort aisé à dire, et paraît même facile à faire ; mais combien ne faudra-t-il pas qu'il s'écoule de temps avant que ce second corps de ruche soit plein ?

S'il a fallu au premier deux saisons pour le bien remplir, il en faudra bien au moins tout autant pour remplir le second. Votre premier corps de ruche se trouvera donc avoir de quatre à cinq ans, et quelquefois plus. Je demande alors ce que le plus souvent l'on y trouvera, de vieux gâteaux de cire noire comme la cheminée, ou des rayons de vieux miel corrompu ou altéré de toute autre manière. Au surplus, tous ces grands corps de ruches ont tous les mêmes inconvéniens, celui de ne jamais voir ce qui s'y passe.

Quant aux autres ruches à grands systèmes, je les abandonne de même à ceux qui ont le goût, le temps, la patience, et l'intelligence de s'en mêler. Aucune d'elles ne convient aux gens de la campagne, qui ne sont pas libres de leur temps, et qui ne visent qu'à d'abondantes récoltes sans être obligés à des soins trop recherchés.

Pour se bien convaincre d'une chose quelconque, il faut la voir clairement et par ses propres yeux; c'est le seul moyen de ne pas se tromper : c'est en voyant l'intérieur de vos ruches que vous vous assurerez si la saison a été favorable à vos abeilles, si vous avez beaucoup à leur enlever, ou si vous devez tout leur laisser afin qu'elles puissent amplement vous en dédommager l'année suivante. C'est là un principe incontestable, auquel je reste fortement attaché.

AVANTAGES DE LA RUCHE PROPOSÉE.

La ruche que je propose, la plus simple qu'on puisse connaître, dérive, dira-t-on, de telle ou de telle autre. Peu importe ; tout ce que je puis certifier, c'est que je n'en ai jamais vu de semblable. Sa forme est telle que les yeux puissent facilement en apercevoir intérieurement toutes les parties les plus secrètes, comme on verrait toute autre chose de ce genre artistement rangé dans une boîte. J'ai voulu me donner la facilité d'en extraire, avec la plus grande aisance, les rayons et les gâteaux, particulièrement ceux qui pourraient être atteints de la moisissure, également encore d'en enlever les vers et les teignes, au moyen d'une espèce de pince longue et fine que j'introduis entre les rayons. J'ai fait en sorte qu'on pût nettoyer le tablier d'un seul coup de balai, sans qu'aucune mouche s'en aperçût, et cela tout en donnant de l'air à la ruche, en supposant qu'elle renferme trop d'humidité.

Description de cette nouvelle ruche.

Ma ruche est en planches de sapin, et peut également se faire en paille, tout comme les ruches villageoises, sauf le tablier qui ne peut être qu'en bois. Elle représente une espèce de petite auge renversée, dont les quatre parois sont inclinées ou évasées par le bas, telle qu'on s'en sert pour faire barbotter les chevaux. En employant des planches d'un pouce d'épaisseur, ma ruche a intérieurement 22 pouces de longueur par le haut; en raison de son évasement dans ses quatre parties, elle a par le bas 26 pouces; sa largeur intérieure a 7 pouces par le haut, et par le bas 14 pouces : enfin, sa hauteur sur toute sa longueur, est d'un pied, y compris l'épaisseur du plafond et celle du tablier, c'est-à-dire 10 pouces dans œuvre.

A l'une ou à l'autre des extrémités de la planche de 7 pouces de large, qui forme le plafond de la ruche, doit être pratiquée une ouverture ronde de 5 à 6 pouces de diamètre, qui puisse se reboucher avec le même morceau que celui qui en sera sorti. A cet effet, il faut avoir l'attention, en formant cette ouverture, d'incliner la scie pour que la pièce serve à former une espèce de bouchon, qu'on revêtira d'une petite bande de lisière de drap, afin de remplacer le vide qu'aura opéré le trait de scie. Je dirai plus loin l'usage qu'on devra faire de cette ouverture.

Une attention essentielle, c'est de ne pas faire les parois des côtés de la ruche d'une seule planche de sapin, attendu que, dans cette dimension, elle ne manquerait pas de se cambrer. Il faudra donc former la longueur de 26 pouces que doit avoir la ruche, avec deux bouts de planches. On évitera par-là que la ruche puisse se déranger des dimensions qu'elle doit avoir pour s'emboiter entre les deux liteaux du tablier sur lequel elle doit poser. Il faudra donc couper vos planches par bouts de 13 pouces, qu'on enfeuillera ensemble pour former les 26 pouces de longueur que comportent les parois de côté de votre ruche.

Cette ruche, dans les proportions que je viens de donner, repose sur un tablier, qui est une planche de la largeur de toute la ruche, et qui en outre, dans sa longueur, la dépasse d'un demi-pouce de chaque côté seulement, afin de pouvoir y poser un petit liteau qui empêche l'écartement, et sert en même temps d'emboîtement à la ruche. Ce tablier doit être adapté à un des côtés de la ruche au moyen de deux espèces de charnières en cuir, ou autrement; et pour achever de l'assujettir solidement après la ruche, et afin de la fermer hermétiquement, l'on perce deux trous de vrille transversalement à travers le liteau et la ruche, à l'opposé et vis-à-vis les charnières; on y introduit deux broches de gros fil de fer : de cette sorte, la ruche se trouve parfaitement fermée de toutes parts.

Emplacement de la ruche.

Maintenant que la ruche est construite, il s'agit de la placer à demeure dans un jardin ou dans un verger; car ce n'est point dans un rucher dispendieux, ni contre un mur, ni sur des assises en planches ou en pierres que nous devons l'asseoir;

c'est isolément, entre deux forts piquets bien enfoncés en terre, élevés de trois pieds du sol, que je la suspends, au moyen de deux fortes broches de fer qui traversent, premièrement les piquets à 6 pouces de leur extrémité, et qui entrent ensuite parfaitement au centre, dans l'épaisseur des planches qui forment les deux bouts de la ruche. Ainsi suspendue, et en équilibre, la ruche peut tourner sur ses deux axes, sens dessus-dessous, sans aucune espèce de secousses, et sans que les abeilles s'en aperçoivent. Veut-on la fixer dans cette position afin de pouvoir la visiter, il suffit pour cela d'une seconde broche de fer, que l'on fait de même passer à 4 à 5 pouces plus haut à travers un des piquets, et ensuite dans le fond de la ruche; alors elle se trouvera fixée de manière à ne pouvoir plus tourner.

La ruche étant dans cette position, vous tirez à vous les deux broches de fer de côté qui fixent le tablier à la ruche; et, au moyen de ses deux charnières, vous l'ouvrez tout comme vous le feriez d'une boîte. Une fois ouverte, vous en voyez l'intérieur avec la même facilité que vous verriez ce qui serait rangé dans un coffre ouvert. Si vous voulez y faire une opération quelconque, rien ne vous en empêchera, tout étant à découvert sous vos yeux, et à votre discrétion.

Instrumens propres pour opérer.

Il faut avoir trois espèces de petits instrumens extrêmement simples.

1°. Une longue pince, dont les branches aient 15 pouces de long, faite avec un morceau de fil de fer recourbé en deux : les extrémités des branches sont un peu aplaties, afin de pouvoir mieux saisir les vers ou papillons qu'on apercevra aisément.

2°. Une petite verge de fer rond de 15 pouces de long, assujettie par un bout dans un manche de bois de 4 à 5 pouces; l'autre extrémité sera aplatie d'un pouce carré, et très-tranchante des côtés et par le bout comme la lame d'un couteau. Cet instrument sert à couper et à détacher les gâteaux ou rayons qui sont soudés et adhérens aux parois des côtés de la ruche.

3°. Une verge de fer de la même longueur (15 pouces) y compris les 4 pouces de manche; son extrémité est recourbée carrément de 15 lignes de long, et aplatie dans une largeur de 3 à 4 lignes; elle est tranchante des deux côtés, en arrondissant par le bout. Vous faites descendre cet instrument jusqu'au fond de la ruche, et le long du gâteau que vous venez de détacher des côtés : lorsque votre instrument touche le fond de la ruche, vous le tournez dans la main, de manière qu'il puisse trancher et détacher les tenons par lesquels le gâteau tient encore au plafond. Ces deux opérations faites, le gâteau ou rayon ne tenant plus d'aucun côté, vous le prenez légèrement avec les deux mains et vous l'enlevez d'entre les autres, on ne peut plus facilement : s'il s'y rencontre quelques mouches se promenant dessus, vous les en chassez avec les barbes d'une plume. L'opération terminée, vous remettez le tablier en place, vous rétablissez les broches de fer, et vous retournez votre ruche dans sa position naturelle.

Si vous craignez qu'à l'ouverture de la ruche les mouches viennent sur vous, il faut, avant tout, les enfumer un peu, au moyen d'une espèce d'enfumoir dont je parlerai plus loin : cela les rendra sages et traitables.

Voilà en quoi consiste ma méthode, son mérite est dans sa simplicité. L'expérience m'en a démontré les avantages et la facilité; car, à part les mouches qu'on peut écarter au moyen de l'enfumoir, il n'est pas plus difficile d'enlever des gâteaux ou des rayons de dedans cette ruche, qu'il ne le serait de les enlever de toute autre espèce de boîte où ils seraient entreposés et artistement rangés.

Au surplus ce procédé n'est pas entièrement nouveau; je ne prétends pas non plus m'en attribuer le mérite : il est mis en pratique, mais moins commodément, dans bien des provinces où l'on n'a pas la barbarie d'étouffer ces précieux insectes pour s'emparer de leur produit, quoiqu'on leur en enlève toujours une certaine quantité à la sortie des hivers, ce que les gens de la campagne appellent tailler, dégraisser, ou châtrer les mouches, ce qui est la seule bonne manière, lorsqu'on peut le faire aussi commodément que je l'explique; autrement c'est égorger inhumainement l'agneau pour s'emparer de sa toison.

La forme que j'ai donnée à ma ruche a donc eu pour principe de la rendre commode, et mieux disposée pour contenir à volonté de plus amples récoltes que toutes ces ruches insignifiantes, hautes, ou basses, pointues ou rondes, etc., faites soit en paille, soit en bois grossier, ou de toute autre manière dont font usage les gens des campagnes, sans avoir jamais songé s'il ne serait pas une autre construction de ruche plus convenable à leurs intérêts. Aussi dans les pays où l'usage est de dîmer seulement sur les abeilles, arrive-t-il souvent qu'en raison de la mauvaise construction des ruches, et de la difficulté de les renverser pour les opérer, on mutile souvent leurs peuplades au point d'en faire un carnage affreux, dont bien des fois la reine se trouve la première victime. Pour lors adieu la ruche, il faut en prendre le deuil; mieux valait la détruire d'un seul coup, que d'y laisser un petit peuple désolé, qui ne peut plus exister sans celle qui lui donna la vie.

Petites portes de la ruche.

Maintenant je vais entrer dans quelques détails que j'ai écartés dans la crainte de me rendre diffus. Je n'ai pas encore dit où devaient être placées les portes ou les ouvertures par où les mouches doivent entrer et sortir. Ces ouvertures doivent avoir 3 pouces de large sur 4 à 5 lignes de hauteur, et être placées aux deux bouts de la ruche, près un des angles, afin que les piquets qui soutiennent la ruche en l'air ne gênent pas le passage des abeilles. Ces ouvertures se rétrécissent autant qu'on le veut dans les temps d'hiver, au moyen d'une petite calle de bois qu'on y introduit afin de mettre les mouches plus à l'abri des grands froids, de la neige, et des souris qui pourraient s'y glisser : on peut même les griller.

Suivant que la ruche sera exposée, l'ouverture de derrière sera toujours, mais provisoirement fermée : en avant de celle qui est ouverte, je place une petite planchette grande comme la main, pour servir aux abeilles à s'y reposer en arrivant des champs. Cette planchette tient légèrement au tablier par deux petits goujons qui s'y insèrent facilement : lorsqu'on voudra tourner la ruche sens dessus-dessous, on enlèvera cette planchette dont les piquets et supports ne permettraient pas le passage.

MANIÈRE D'INTRODUIRE LES ESSAIMS.

L'on observera peut-être qu'une semblable ruche toute en bois, et d'une telle dimension doit être un peu lourde, et peu facile à manier lorsqu'il s'agit de la transporter pour y introduire un essaim qui se trouve placé dans une partie un peu élevée. Je ne saurais en disconvenir. Ceux qui placent leurs essaims dans de grosses ruches rondes de paille ou de débris d'arbres creux, ou dans des caisses matérielles, n'éprouvent-ils pas les mêmes inconvéniens? Au surplus, voici les facilités que présente ma ruche sous ce rapport.

J'ai dit plus haut, en parlant des dimensions de chacune des pièces qui la composent, que le plafond doit être percé d'une ouverture ronde de 5 à 6 pouces de diamètre, fermée par un bouchon. Si j'ai l'intention d'introduire un essaim dans ma ruche, et que l'essaim ne se soit fixé qu'à un petit arbuste peu élevé de terre, je détache ma ruche toute enduite de miel d'entre ses piquets de support. J'enlève le bouchon du plafond, et j'en présente l'ouverture sous l'essaim que j'y fais tomber par les moyens ordinaires. L'essaim une fois tombé en grande partie dans ma ruche, je remets aussitôt et avec soin le bouchon à sa place. Pour lors les mouches entrées dans la ruche, cherchant à en faire la reconnaissance, la parcourent dans tous les sens, se présentent à la petite porte, en sortent, y rentrent, et entraînent avec elles toutes celles qui sont restées à voltiger dans les airs, cherchant à savoir où leur reine a pu se réfugier; mais insensiblement, et en moins d'une demi-heure, tout le tumulte cesse, et le plus grand calme s'établit.

Si un essaim s'était déposé au loin, sur un arbre élevé, ou sur tout autre lieu difficile: pour lors il s'agit d'avoir une petite ruche de paille très-légère, faite en forme de cloche, ayant dix pouces environ de diamètre sur un pied de hauteur. Cette ruche faite exprès, en la renversant, sera placée dans un demi-cercle en fer léger, qui la saisira à peu de distance de son ouverture, par le moyen de deux pointes qui en pénétreront d'un pouce de chaque côté les cordons. Ce demi-cercle de fer aura dans le milieu une douille, dans laquelle on puisse introduire le bout d'un bâton ou d'une longue perche, suivant la nécessité; au moyen de cette perche on pourra élever la ruche sous l'essaim, à quelque hauteur qu'il se soit fixé. Au même instant que la ruche sera bien placée sous l'essaim, une autre personne munie d'une perche garnie d'un crochet, pour pouvoir atteindre la branche à laquelle l'essaim se sera attaché, donnera un coup sec et violent sur la branche : la plus grande partie de l'essaim tombera dans la ruche qui se trouvera au-dessous, et deux minutes après, l'essaim ayant eu le temps de se retourner et de se reconnaître, l'on descendra la ruche pour la retourner, et la déposer à terre sur de petites calles, afin que les mouches errantes puissent venir s'y réunir. Si le soleil dardait trop dessus la ruche, on tâcherait de l'en abriter avec un drap, ou des linges mouillés, jusqu'au moment où elle sera transportée sur l'ouverture ronde de la ruche de bois, que l'on aura eu soin de bien enduire de miel. Vous l'y fixerez de suite avec un lut quelconque, pour ne point laisser pénétrer de jour entre la jonction des deux ruches; mais comme le dessus de votre ruche de bois n'a que neuf pouces de large extérieurement, il faudra y ajouter provisoirement de chaque côté une petite planchette, qui remplisse le diamètre de la ruche de paille.

On remarquera facilement à la vue de la gravure désignée sous la lettre M, que ce demi-cercle en fer, au milieu duquel est saisie la ruche par deux pointes, est fait pour que la ruche se trouve toujours horizontalement suspendue, malgré les faux mouvemens que pourrait faire celui qui serait chargé de sa direction.

Le lendemain de cette grande opération, vous aurez la stricte attention de surveiller cet essaim, afin de vous assurer s'il se plaît dans son nouveau domicile; vous observerez, si les mouches en sortent, et si elles y rentrent chargées de butin, signe indubitable qu'elles ont le projet d'y rester. S'il en est ainsi, dès le point du jour suivant, vous placerez une petite table portative tout contre la ruche de bois, et joignant la petite porte par où les mouches entrent et sortent. Cela fait, vous enlevez très-doucement la petite ruche de paille, au sommet de laquelle l'essaim est suspendu, et vous la posez avec soin sur la table, afin d'avoir le temps de boucher l'ouverture du plafond de votre ruche. Étant en face de votre petite table, vous prenez la ruche de paille avec les deux mains, vous l'élevez en l'air d'environ 6 pouces, pour ensuite la frapper bien horizontalement et d'un coup sec sur la table, en la relevant aussitôt. Par ce choc un peu violent, toutes les mouches se trouvent éparpillées sur la table, et gagnent aussitôt la porte de la ruche de bois, où elles entrent avec la plus grande précipitation. S'il restait encore quelques mouches dans la ruche de paille, vous les en chasseriez avec les barbes d'une plume, et vous les feriez tomber sur la table, d'où elles se réuniraient aussitôt aux autres ; si vous remarquez qu'elles y mettent de la lenteur, prenez de l'eau avec un goupillon, et aspergez-les en bien légèrement ; elles croiront que la pluie vient les surprendre, et ne tarderont pas à disparaître. Cette opération, excessivement simple, ne demande qu'un quart d'heure tout au plus.

PRÉPARATION DES RUCHES.

Tout doit être préparé à l'avance pour l'époque où les ruches doivent donner des essaims. Cette préparation consiste, 1°. à diviser sa ruche en deux parties, au moyen d'une planche mince qui joigne intérieurement et parfaitement de toutes parts les parois de la ruche, afin que l'essaim, au premier abord, ne soit pas effrayé d'un si vaste logement. Lorsque la première partie de la ruche se trouve toute garnie de rayons ou de gâteaux, il faut ouvrir la ruche, et transporter la cloison un peu plus vers le fond, ce qui s'appelle donner de l'espace, pour que les abeilles puissent continuer leur travail et augmenter leurs édifices. Cette planchette, servant de cloison, s'assujettit par le moyen de petites broches de fil de fer qui traversent les parois de la ruche et vont se perdre dans l'épaisseur de la planchette. Voilà pourquoi j'ai dit plus haut que l'ouverture ronde du plafond devait être sur une des extrémités de la ruche, et non pas au milieu.

Actuellement que l'essaim doit se loger dans cette partie, il est nécessaire d'y attacher un morceau de rayon ou de gâteau garni de miel, de manière qu'il tienne à la planchette servant de cloison. Pour cela vous prenez la planchette, et, la posant à plat sur une table, vous y clouez, avec de longs clous d'épingle ou pointes de Paris, un rayon de miel, en observant de laisser un petit intervalle entre le rayon et la planchette, afin que les abeilles puissent passer facilement d'un côté comme de l'autre. Ayez soin de placer votre rayon dans le sens qu'il a été construit, sinon le miel découlerait de dedans les alvéoles, et les abeilles ne chercheraient pas à en continuer le travail. Votre planchette ainsi garnie, vous la remettez en place, à peu près dans le milieu de la ruche, si l'essaim est d'une grosseur raisonnable.

Pour mieux assurer mon opération, je fais fondre un peu de cire, et j'en verse légèrement des gouttes sur chaque tête des clous d'épingle; pour lors mon rayon est parfaitement et solidement assujetti. Faites attention que la cire fondue ne soit pas trop chaude; elle ferait fondre la cire des alvéoles sur laquelle elle tomberait, et il ne s'opérerait point de soudure entre elles.

En plaçant ainsi un rayon dans une ruche, on a pour objet de tracer aux abeilles la direction de leurs édifices, afin qu'ils soient rangés de même, c'est-à-dire transversalement, plutôt que s'ils étaient construits dans toute la longueur de la ruche, ou de toute autre manière.

Baguettes transversales dans l'intérieur des ruches.

Jusqu'ici je n'ai point parlé des baguettes transversales qu'on a imaginé de placer dans l'intérieur de certaines ruches, pour empêcher que les rayons ou les gâteaux ne se détachent lorsqu'on est dans le cas de remuer ou de transporter la ruche. J'ai jugé ces baguettes peu nécessaires, par la raison que les abeilles, suivant les règles de la nature, se réfugiant pour l'ordinaire dans des creux d'arbres ou des crevasses de vieux murs ou de rochers, il est évident que ces baguettes ne leur sont d'aucune utilité. D'ailleurs, mes ruches étant suspendues, elles n'éprouvent pas la moindre secousse. Je me suis donc dispensé d'y mettre ces baguettes; elles seraient très-gênantes lorsqu'on aurait à opérer d'une manière ou d'une autre. Au surplus, mes ruches étant de moitié plus étroites par le haut que par le bas, les rayons s'y soutiennent parfaitement, et jamais je ne me suis aperçu qu'ils eussent éprouvé le moindre dérangement.

Les personnes qui auraient des ruches de peu de hauteur pourront essayer de les placer sur un tablier analogue à leur construction, de les suspendre entre deux piquets, et de les opérer de la manière que j'ai prescrite. J'en excepte seulement toutes ces ruches en forme de pyramides, attendu que, même avec des yeux d'argus ou de lynx, il serait impossible que la vue pût pénétrer seulement jusqu'au milieu, outre qu'il faudrait des instrumens d'une longueur démesurée pour pouvoir atteindre l'extrémité des rayons ou des gâteaux, qui se trouvent tous principalement attachés au plafond de la ruche ; et qu'en agissant ainsi en aveugle et au hasard, l'on massacrerait une infinité d'abeilles, parmi lesquelles la reine peut se rencontrer; ce qui entraînerait la perte totale de la ruche.

Manière d'abriter les abeilles.

Les ruches, en général, demandent à être mises à l'abri de la pluie et de la trop grande ardeur du soleil. Pour cet effet, j'ai deux petits paillassons, tels que les font les jardiniers, de 34 pouces de long sur 15 de large ; je les adapte de chaque côté des parois de ma ruche, de manière à ce que les eaux de pluie ne s'y arrêtent pas par dessus, je place un toit formé avec deux larges planches légères, qui débordent et recouvrent le tout.

Exposition des ruches.

L'exposition la plus favorable aux abeilles est le levant d'été ; apercevant de bonne heure les rayons du soleil, elles sont plus diligentes à aller aux champs, et le midi ne frappant que sur un des côtés de la ruche, elles en sont infiniment moins incommodées.

GOUVERNEMENT DES ABEILLES.

Quant au gouvernement des abeilles, c'est de les visiter souvent, particulièrement dans les mortes saisons, afin d'apercevoir ce qui peut leur nuire, comme ce qui peut leur manquer : tout ici vous en facilite les moyens, puisque d'un seul coup d'œil vous voyez tout ce qui se passe, avantage éminent de cette ruche.

Vos ruches sont-elles attaquées par les vers, les teignes, les papillons de nuit, vous les ouvrez, et vous les en dégagez avec votre longue pince; sont-elles dépourvues de vivres, vous leur donnez un rayon de miel ou un gâteau, dans les alvéoles duquel vous introduisez du miel mélangé avec du vin, ce qui leur redonne de la vigueur; plus encore des farines de fèves, d'avoine, qu'elles aiment beaucoup, etc., etc.

RÉCOLTE DES RUCHES.

Quant aux récoltes du miel, vous pouvez en faire, à la rigueur, dans toutes les saisons; le mieux est cependant de ne pas y toucher en avril, mai, juin et juillet, où pour l'ordinaire les ruches sont garnies de couvain; mais, en revanche, vous pouvez la faire sur la fin de février comme sur la fin de septembre, tout en observant bien, à cette dernière saison, de ne pas trop épuiser les ruches, et de leur laisser amplement de quoi vivre pendant l'hiver ; car si l'hiver était long et doux, il faudrait leur rendre tout ce que vous leur auriez ôté de trop.

Autant que faire se pourra, prenez toujours les rayons de miel à la suite les uns des autres, par un bout ou par l'autre, suivant leur ancienneté, et cela pour ne pas laisser de trop grands intervalles entre eux, les abeilles aimant, à l'entrée de l'hiver, à se grouper ensemble, afin de s'entretenir mutuellement dans une douce chaleur.

Quant à la cire, il ne faut jamais enlever un gâteau d'entre les autres, à moins qu'il ne soit altéré de moisissure, ou qu'il ne soit trop noir pour avoir trop souvent contenu du couvain. De préférence ne les enlevez qu'à la sortie de l'hiver, qui est le moment où tout se répare.

Si l'on veut encore, l'on peut au sortir des grands froids retourner sa ruche sens devant derrière, c'est-à-dire fermer la petite porte d'entrée qui faisait face au soleil, et ouvrir celle qui était à l'opposé ; car le plus souvent les abeilles déposent leurs provisions sur le derrière de leur ruche, et construisent à neuf sur le devant. Par ce moyen simple, vous êtes à peu près assuré d'avoir du miel pur déposé dans des alvéoles qui n'auront point renfermé de couvain.

Manière de se garantir des piqûres.

Lorsque je visite mes ruches, j'ai d'ordinaire

un chapeau fait en carton léger, de forme ronde, dont le bord a 4 à 5 pouces de large, autour duquel on a cousu une toile de canevas, telle qu'on s'en sert pour les garde-manger; cette toile doit descendre plus bas que la ceinture, afin de pouvoir entrer sous le pantalon : elle est échancrée au-dessus de chaque épaule; il y a alors immédiatement au-dessous de chaque aisselle et le long des échancrures des cordons qui font croiser le canevas l'un sur l'autre, et qui se nouent par-devant, de manière à ce qu'aucune mouche ne puisse pénétrer dans l'intérieur.

Au-devant des yeux est un morceau de vitre en verre double, afin d'être moins casuel, de 6 pouces de long sur 4 de large, solidement enchâssé dans un cadre de carton bien cousu; on fait une ouverture au canevas pour y placer ce cadre, et on le coud fortement sur les bords du canevas. Au moyen de ce verre, je vois aussi distinctement que si je n'avais rien devant les yeux, et j'ai la tête libre sans étouffer de chaleur. Cette manière de se garantir est préférable aux masques de fil de fer, ou de tout autre genre.

Pour préserver les mains j'ai de larges gants de toile écrue, pas trop grossière, mais serrée, sans doigts; c'est-à-dire qui n'ont que le pouce de libre, dans lesquels les mains et l'avant-bras revêtu de la manche de veste peuvent entrer facilement, afin de n'avoir besoin de personne pour aider à les mettre. J'en mets ordinairement deux l'un sur l'autre, pour éloigner le dard de l'abeille en colère. Ces gants, préférables à ceux de peau, que la mouche perce facilement, s'attachent près du coude avec des cordons qui se croisent et qui font plusieurs tours autour du bras. Ganté de la sorte, jamais je ne suis piqué. Les gants de laine drapé sont également bons; mais bien moins que ceux de toile, qu'on peut laver facilement lorsqu'ils sont englués de miel : après les avoir lavés, il faut avoir soin de les passer par une forte eau d'empois, afin de les tenir toujours fermes et raides, ce qui les empêchera de se coller à la peau de la main. Quant au reste du vêtement, j'ai une veste de drap et un large pantalon de toile à pieds, dans lequel j'entre avec mes souliers. Il est de toute impossibilité, si vous êtes vêtu de la sorte, que les mouches puissent vous atteindre; vous pouvez travailler avec sécurité et sans précipitation, car, moins vous gesticulerez, moins les mouches se mettront en colère : éloignez-vous souvent d'elles, et rapprochez-vous-en de même avec tranquillité; c'est le seul moyen de parvenir à les calmer.

Enfumoir.

Pour enfumer une ruche, mon instrument est en fer-blanc; il ressemble, à s'y méprendre, à la seringue dont on se sert communément, à l'exception qu'il n'y a point de piston : c'est donc un cylindre que termine par un bout une espèce de canule, et qui s'ouvre à l'autre bout par le moyen d'un couvercle auquel est adapté un petit tube, par lequel on souffle pour pousser la fumée qui sort alors par la canule. Cette sorte de seringue se remplit de foin un peu humecté, au milieu duquel on place un charbon allumé, afin de produire de la fumée. Lorsqu'il s'agit de s'en servir, l'on introduit la canule dans la ruche par la petite porte de derrière; on souffle par le moyen du tube, et l'on remplit la ruche de fumée. Lorsque vous pensez que les mouches en sont suffisamment enivrées, vous tournez votre ruche, vous l'ouvrez, et vous opérez avec tranquillité. Cet instrument se tient dans la main, au moyen d'une espèce de poignée faite avec plusieurs doubles de vieux linge, autrement la chaleur du foin qui se consume vous brûlerait. On ne doit se servir de cet instrument que le moins possible, parce que cette grande abondance de fumée noircit les édifices, et laisse de l'odeur dans la ruche.

J'ai un second petit instrument, aussi en fer-blanc, pour le même objet; il ressemble à un cornet, de la longueur de 7 à 8 pouces, un peu aplati vers sa pointe, pour pouvoir passer entre les rayons. Il est emboîté d'un couvercle, auquel est attenant une espèce de tuyau de pipe élastique et flexible, qui puisse se mouvoir en tous sens, et dont le bout passera, au-dessous de la visière en verre, à travers un petit trou fait au canevas pour pouvoir aller rejoindre la bouche. Ce cornet s'emplit également de vieux linge humecté, au milieu duquel l'on place un charbon ardent. Si en opérant, trop de mouches s'amoncèlent sur un rayon que vous avez le projet d'enlever, vous les en chassez au plus vite en les inondant de fumée. Cette dernière méthode est préférable de beaucoup à la première, en raison que l'on n'enfume que les mouches dont on veut se débarrasser.

Préservatif contre le froid.

Si vos ruches ne sont pas en fort bois de plus d'un pouce d'épaisseur, et si vous craignez que les fortes gelées ne portent atteinte à vos abeilles, ou ne durcissent trop leur miel, ayez des paillassons montés sur ficelle, de la longueur de vos ruches, et emmaillottez-les bien dedans, puis remettez pardessus le petit toit en planches, avec ses à-côté; vos ruches alors seront à l'abri de tout danger. En avril, vous les débarrasserez de ces enveloppes, qui serviraient de refuge à toutes sortes d'insectes nuisibles : vos ruches étant isolées et suspendues, rien ne vous sera plus facile que cette petite opération.

RUCHE VITRÉE.

Les personnes curieuses d'apercevoir ce qui se passe dans une ruche semblable à celle que je propose, sans pour cela être obligées de la renverser et de l'ouvrir, dans la crainte d'être assaillies par les mouches et d'en être piquées, pourront aisément satisfaire cette curiosité. Il ne s'agit que de pratiquer sur les deux côtés de la ruche deux espèces de châssis, portant chacun deux ouvertures carrées de la grandeur qu'on jugera convenable. Ces châssis seront revêtus de leurs feuillures, pour recevoir chacune un carreau de vitre, en verre double, comme moins fragile; il ne faudra point pour les y fixer employer de mastic de vitrier, mais purement de la cire amollie au feu. A chacun de ces châssis seront adaptés deux liteaux en forme de coulisses, l'un par le haut et l'autre par le bas, dans lesquelles coulisses joueront facilement des planchettes, afin de recouvrir entièrement les carreaux de vitre, et d'intercepter parfaitement le jour; autrement les abeilles les barbouilleraient de manière à ce qu'on ne verrait plus rien dans l'intérieur.

MANIÈRE DE TRANSVASER LES RUCHES.

Veut-on avoir de suite la satisfaction de jouir d'une ruche et de la voir habitée par les abeilles, rien de plus facile : préparez-en une, vitrée ou non; placez-y une cloison qui la divise en deux parties; placez-la ensuite entre ses deux piquets de support; ouvrez-en l'ouverture ronde du plafond; adaptez-y les deux petites planchettes des côtés, pour en augmenter le diamètre. Cela fait, posez bien au milieu de l'ouverture une ruche villageoise de paille, qui ait le moins de hauteur possible, et qui soit bien garnie de rayons et de gâteaux, et surtout bien peuplée; fixez-la bien sur le plafond, de manière à ce qu'elle ne s'en détache pas lorsque vous voudrez retourner la ruche de bois afin de la visiter. Cette opération se fait à la sortie de l'hiver; lorsque le moment sera venu, les mouches y jetteront leurs essaims. Du moment que vous apercevrez que la moitié de votre ruche est entièrement garnie de gâteaux et de rayons de miel, vous pourrez, à la fin du mois de juillet, enlever la ruche de paille, en remettant aussitôt le bouchon sur son ouverture. Vous établissez votre petite table portative, joignant le devant de votre ruche de bois, vous y placez la ruche de paille, de laquelle vous enlevez, avec autant de dextérité que possible, tous les rayons et gâteaux qu'elle contient; vous en chassez avec une plume toutes les mouches qui se trouvent dessus; toutes regagneront la ruche de bois ; en moins d'une demi-heure, il ne restera pas une seule mouche sur la table.

Les personnes qui n'ont que des ruches de paille, et qui voudront changer de système, si elles adoptent le mien, n'auront que cette seule manière de s'y prendre pour réussir et ne courir aucun hasard.

CAISSE A RECEVOIR LES RÉCOLTES.

Lorsque je veux prendre des rayons ou des gâteaux de cire dans mes ruches, je place près de moi une caisse légère de 3 à 4 pieds de long, sur 12 à 15 pouces de large et un pied de profondeur. Cette caisse est d'un bout à l'autre, dans le milieu de sa profondeur, traversée par de petits liteaux, à distance de 2 pouces les uns des autres. Les rayons ou gâteaux que j'enlève de mes ruches, je les dépose à mesure dans cette caisse, entre les liteaux qui les tiennent perpendiculaires et debout sans se toucher entre eux. Il faut avoir, par exemple, la très-grande attention de retourner le rayon avant que de le placer dans la caisse, pour que le miel ne découle pas de dedans les alvéoles; et chaque fois que vous ouvrez cette caisse, de la refermer aussitôt, afin que les abeilles pillardes ne s'y introduisent que le moins possible.

Cette manière est de beaucoup préférable à celle de placer indistinctement les gâteaux et les rayons pêle-mêle dans des vases et des terrines, où tout se confond ensemble, le miel pur avec celui qui ne l'est pas; on épargne ainsi la mort à beaucoup d'abeilles qui, malgré tous vos soins, auront suivi les rayons dans la caisse. En mettant confusément vos rayons et vos gâteaux ensemble, s'il y reste quelques mouches, que souvent l'on n'aperçoit pas, elles se trouvent pour lors englouties et engluées à n'en jamais revenir; au lieu qu'à ma manière, chaque rayon se trouvant isolé dans la caisse, les mouches, qui peuvent s'y promener, finissent par en sortir d'elles-mêmes, en exposant la caisse ouverte dans une chambre obscure, dont la porte est simplement un peu entr'ouverte. Avec une pareille caisse, vous pouvez conserver des rayons de miel toute l'année, soit pour votre usage personnel, soit pour en donner aux ruches qui en auraient besoin pendant certains hivers d'une trop longue durée.

RÉUNION DES RUCHES.

Quoiqu'il soit très-avantageux, en même temps très-agréable, de pouvoir réunir toutes ses ruches dans un seul et même local, afin d'être plus à même de les surveiller, il est bon d'observer qu'une trop grande quantité se nuiraient entre elles : il est donc plus convenable de n'en laisser au plus qu'une vingtaine ensemble, et de porter les autres à une demi-lieue plus loin, toujours le plus près possible des bois et des lieux où les mouches trouvent facilement à butiner sur des fleurs qui se renouvellent, et où les eaux soient peu éloignées de leur domicile. Faites en sorte de les mettre dans des positions où elles soient le plus possible abritées des grands vents, et où elles aient des arbustes de peu de hauteur au-devant de leur habitation, afin qu'elles puissent s'y fixer lorsqu'elles seront dans le cas d'essaimer.

Ce genre de ruche, il faut le dire, donne moins d'essaims que beaucoup d'autres ruches ordinaires, parce que ces dernières, étant déjà garnies de toutes parts d'anciens édifices des années précédentes, auxquels l'on n'a point touché, la famille s'augmentant de plus du double, au mois de mai, elle est obligée de se désunir, faute de pouvoir rester dans la mère-ruche, ce qui s'appelle essaimer. Mes ruches n'ont point ce désavantage, leur ayant ôté à chacune, dès le commencement de mars, la moitié de leurs édifices, soit en miel, soit en cire; il en résulte que la moitié de chaque ruche se trouvant vide, les essaims à venir ont amplement de quoi se loger, sans être obligés de chercher un autre asile. En cela, je trouve un très-grand avantage, car combien ne perd-on pas d'essaims, faute de les avoir vus partir, ou d'avoir pu les arrêter dans leur fuite. Combien de ruches villageoises et autres sont énervées par le départ des essaims, qui, au lieu d'avoir régénéré les ruches, n'ont fait que les épuiser par deux et trois émigrations; ce qui est un grand vice; car plus une ruche est peuplée et plus elle prospère, chose bien reconnue de tous ceux qui ont écrit sur cet intéressant sujet. Ajoutons que de petits essaims d'un poids médiocre ne résistent presque jamais à l'hiver dans une ruche que les mouches n'ont pu parvenir à garnir d'édifices pour s'approvisionner de ce qui leur était nécessaire.

Afin de parer au peu d'essaims que donnent mes ruches, l'on peut s'en procurer chez ses voisins, en supposant qu'on ait le désir d'augmenter son rucher, et cela en échange d'autre chose, car la superstition ne veut pas qu'ils se vendent.

Ici se termine tout ce que j'ai cru convenable de dire sur mon genre de ruche, et sur la manière dont je m'y prends pour gouverner mes abeilles, ce qui, comme on a pu le voir, ne demande aucune science. Je me suis particulièrement appliqué à présenter les choses avec toute la simplicité et la clarté possibles, attendu que je n'ai eu en vue que les gens de la campagne, qui, tout estimables qu'ils sont, n'ont aucun goût pour les systèmes abstraits ou difficiles à concevoir. Je leur ai soumis ma ruche avec tous les avantages dont je la crois susceptible, parce que je suis intimement persuadé qu'elle leur convient mieux qu'aucune que je connaisse. J'aime à croire que mon opinion sera justifiée par l'expérience, et que l'adoption de ma ruche deviendra la douce récompense de mes efforts pour la propager.

Je n'ai pas cru devoir traiter ce qu'on appelle l'éducation des abeilles, c'est-à-dire la manière de les gouverner pendant les douze mois de l'année : à cet égard, chacun a sa méthode plus ou moins variée, la mienne est en général celle de tout le monde, mais j'ai pour principe invariable de ne jamais préjuger ce qui peut nuire ou manquer à mes abeilles, c'est-à-dire, de ne jamais agir sur elles sans connaissance de cause. Ma ruche me permettant de voir par mes yeux, et de toutes parts, ce qui s'y passe, il m'est toujours facile d'y apporter le remède que je crois nécessaire. Voilà en quoi ma ruche gagnera à être connue des amateurs sensés et raisonnables.

Mes abeilles sont tous les jours prêtes à recevoir la visite de tous ceux qui les aiment et les recherchent; je les invite toutefois à se précautionner de voiles qui les mettent à l'abri de leurs atteintes; car il en est d'elles comme des plus jolies femmes, c'est-à-dire qu'elles sont plus rusées et plus piquantes les unes que les autres.

Quant à l'histoire naturelle des abeilles, il ne m'appartient pas de rien ajouter aux écrits de nos savans naturalistes. Les personnes qui voudront acquérir des connaissances étendues sur ce point, et puiser à une source aussi riche qu'agréable, pourront se procurer l'ouvrage du célèbre M. François Hubert de Genève, l'un des hommes qui ont le mieux pénétré les secrets de la nature.

En finissant la tâche que je me suis imposée dans le seul dessein d'être utile au public, je n'ai pas dû oublier que celui qui veut la fin veut les moyens. C'est dans ces mêmes vues que j'ai dédié mon petit ouvrage à Messieurs les Préfets des départemens de la France. Je le leur présente comme un faible hommage de la reconnaissance qui leur est due pour les soins qu'ils donnent à l'encouragement de l'agriculture, du commerce et des arts.

Je ne crois pas me tromper en pensant que mon expérience peut améliorer une branche importante de notre économie rurale et industrielle. Puisse cette intention obtenir, en faveur de mon ouvrage, la bienveillance que j'attends des Administrateurs éclairés auxquels il est dédié. Cette honorable récompense, je la trouverai dans la publicité que je les prie de donner à ma brochure avec l'entière confiance des avantages qu'elle peut répandre.

EXPLICATION

DES DIFFÉRENTES FIGURES QUE COMPORTE LA PLANCHE SUIVANTE :

A. La ruche vue aux trois quarts, revêtue de tous ses accessoires.

1. Le toit couvrant la ruche de toute part.
2. Paillassons des côtés, servant à abriter la ruche de la pluie et du soleil.
3. Gros piquets entés chacun d'un liteau, servant à supporter la ruche.
4. Broche de fer traversant les liteaux, et allant se perdre dans les fonds de la ruche.
5. Deuxième broche de fer pour empêcher la ruche de tourner et de vaciller.
6. Planchette servant à recevoir les abeilles revenant des champs.

B. La même ruche, dénuée de tous ses accessoires. . . . .

1. Ouverture ronde du plafond, servant à introduire les essaims dans la ruche.
2. Charnières en fort cuir, soutenant le tablier après la ruche.
3. Le tablier de la ruche.

C. Toujours la même ruche, sur l'ouverture de laquelle est interposée la ruche villageoise qui contient un essaim qui doit occuper la ruche de bois, sur laquelle elle n'est qu'interposée. . . . .

1. Ruche villageoise de paille, contenant l'essaim qui vient d'être recueilli ; comme aussi elle représente une mère-ruche en transvasement.

D. Encore la même ruche, mais renversée sens dessus-dessous, ouverte et revêtue de sa planchette ou cloison, qui divise provisoirement la ruche en deux parties. . . . .

1. La ruche représentée renversée sens dessus-dessous, et ouverte.
2. Le tablier de la ruche, figurant le couvercle d'une boîte ouverte.
3. Cloison séparative dont on n'aperçoit que le bord.
4. Rayons et gâteaux dont on peut remarquer une partie des alvéoles.
5. Partie de la ruche où il n'y a point encore eu d'abeilles d'introduites.

E. La même ruche vue de face.

F. Cette ruche est construite en cordons de paille ; seulement les deux extrémités de la ruche sont en bois de sapin, sur lesquels l'on cloue les deux derniers cordons de paille. Le tablier est également en bois, et s'ouvre de même au moyen de deux charnières en fort cuir.

1. Corps de la ruche en cordons de paille.
2. Petites bandes de bois flexibles que l'on place sur les derniers cordons pour recevoir les clous, et pour comprimer la paille des cordons sur les deux bouts de planche qui forment les deux extrémités de la ruche.
3. Espèce de planchettes étroites et plates, l'une en dedans, et l'autre en dehors des cordons, que l'on comprime par le moyen de clous rivés.
4. Le tablier fait en planche de sapin, avec ses deux liteaux d'emboîtement.
5. Charnières également en fort cuir.

G. Espèce d'enfumoir, en forme de seringue, pour enfumer toute une ruche.

H. Espèce de petit cornet en fer-blanc, pour n'enfumer que les mouches qui se trouvent uniquement sur les rayons qu'on désire seuls enlever.

I. Premier instrument de fer pour couper les rayons attenant aux parois de la ruche.

K. Deuxième instrument pour couper les rayons attenant au plafond de la ruche.

L. Longue pince de fil de fer pour enlever les teignes, les vers, etc.

M. Ruche légère de paille placée au bout d'une perche pour recevoir les essaims qui se seraient fixés à des branches trop élevées.

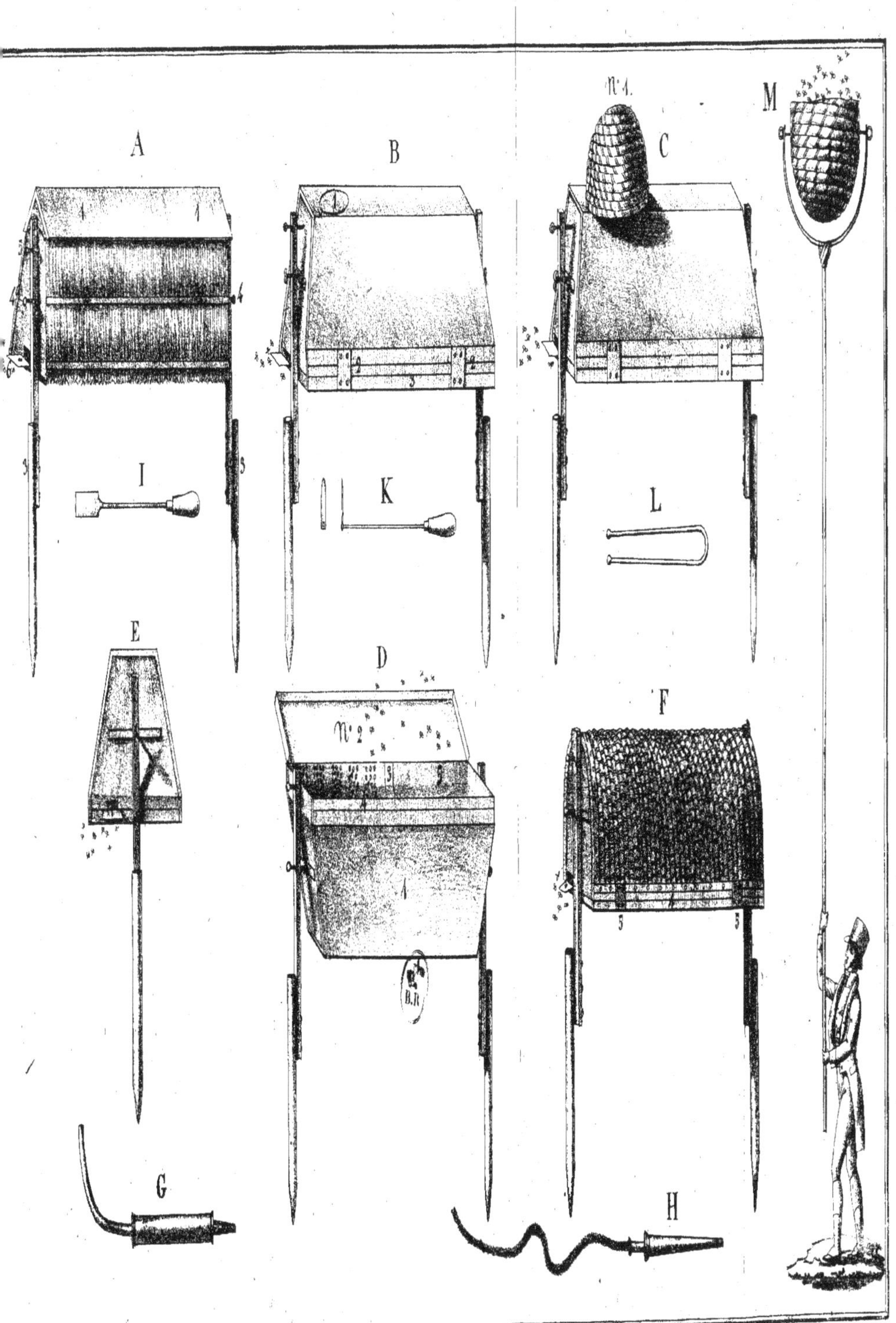

A
B
N°1.
C
M
I
K
L
E
D
N°2
F
G
H

www.ingramcontent.com/pod-product-compliance
Ingram Content Group UK Ltd.
Pitfield, Milton Keynes, MK11 3LW, UK
UKHW021100270726
13994UKWH00009B/1721